BERLIN MIT HUND

WALKING WILD

Hunde können auch in einer Großstadt großartig leben, wenn man sie von Zeit zu Zeit Neues entdecken lässt und sich gemeinsam auf wilde Wege macht. *Walking Wild* in Berlin und Brandenburg – genau darum geht es der Art Direktorin Livia Ritthaler in ihrem Buch. Sie lebt und arbeitet in Berlin und genießt die Touren mit ihrer Hündin Bob ins Grüne, die beiden einen Ausgleich zum trubeligen Stadtleben bieten. In diesem Buch stellt sie ihre Empfehlungen – Spaziergänge, Ausflüge und Übernachtungsmöglichkeiten – für Mensch und Hund vor.

S. 03 - 05 Intro
S. 06 - 07 Karte – Hundewiesen & Parks in Berlin
S. 08 - 09 Karte – Ausflüge & Unterkünfte in Brandenburg
S. 11 Wie Buch und Karte funktionieren
S. 12 - 15 Regeln und Allgemeines
S. 17 - 63 Nord
S. 65 - 111 Ost
S. 113 - 159 Süd
S. 161 - 207 West
S. 209 - 211 Register

N 2
W 1
WEDDING
NORD
W 4
WEST
N 4
N 1
PRENZLAUER BERG
N 3
O 2
O 5
O 3
W 3
MITTE
FRIEDRICHSHA
O 1
S 3
S 5
KREUZBERG
WILMERSDORF
SCHÖNEBERG
S 6
S 2
W 2
NEUKÖLLN
SÜD
S 1
S 4

HUNDEWIESEN & PARKS

HUNDEWIESEN & PARKS KARTE BERLIN

NORD

HUNDEWIESEN

N 1 – S. 20 MAUERPARK

N 2 – S. 22 ARKENBERGE

PARKS

N 3 – S. 26 VOLKSPARK AM WEINBERG

N 4 – S. 28 HUMBOLDTHAIN

OST

HUNDEWIESEN

O 1 – S. 68 REVALER STRASSE

O 2 – S. 72 VOLKSPARK FRIEDRICHSHAIN

PARKS

O 3 – S. 74 ZUM LANGEN JAMMER

O 4 – S. 76 TREPTOWER PARK

O 5 – S. 80 VOLKSPARK FRIEDRICHSHAIN

SÜD

HUNDEWIESEN

S 1 – S. 116 TEMPELHOFER FELD

S 2 – S. 120 VOLKSPARK HASENHEIDE

S 3 – S. 122 PARK AM GLEISDREIECK

PARKS

S 4 – S. 124 ANITA-BERBER-PARK

S 5 – S. 128 PARK AM GLEISDREIECK

S 6 – S. 134 VIKTORIAPARK

WEST

HUNDEWIESEN

W 1 – S. 164 JUNGFERNHEIDE

W 2 – S. 168 GRUNEWALD

PARKS

W 3 – S. 172 TIERGARTEN

W 4 – S. 176 VOLKSPARK REHBERGE

N 9
W 9
PRIGNITZ-OBERHAVEL
UCKERMARK-BARNIM
NORD NORD NORD NORD NORD NORD NORD NORD
W 8
W 7
NEURUPPIN
N 11
EBERSWALDE
WEST WEST WEST WEST WEST WEST WEST WEST WEST
ORANIENBURG
N 6
N 5
N 7
BERNAU
BEI BERLIN
W 5
BERLIN
O 6
O 7
O 8
BRANDENBURG
AN DER HAVEL
POTSDAM
S 7
W 6
O 11
S 8
S 9
HAVELLAND-FLÄMING
SÜD SÜD SÜD SÜD SÜD SÜD SÜD SÜD
LAUSITZ-SPREEWALD

AUSFLÜGE & UNTERKÜNFTE

NORD

AUSFLÜGE

N 5 – S. 34 MÜHLENBECKER LAND
N 6 – S. 38 BRIESETAL
N 7 – S. 42 SCHÖNOWER HEIDE

UNTERKÜNFTE

N 8 – S. 46 DREESCH 7
N 9 – S. 50 RE:HOF RUTENBERG
N 10 – S. 54 BIRKENHOF
N 11 – S. 58 BLOCKHAUS SCHORFHEIDE

OST

AUSFLÜGE

O 6 – S. 84 PLÄNTERWALD
O 7 – S. 90 ERPETAL
O 8 – S. 94 KRUMME LAKE

UNTERKÜNFTE

O 9 – S. 98 DREISEITENHOF
O 10 – S. 104 VILLA HONIGPUMPE
O 11 – S. 108 WASSERWERK BAD SAAROW

SÜD

AUSFLÜGE

S 7 – S. 140 TORFBUSCH
S 8 – S. 144 GIPSBRÜCHE

UNTERKÜNFTE

S 9 – S. 150 SCHLOSS STÜLPE
S 10 – S. 156 BLOCKHAUS KAUPER 63

WEST

AUSFLÜGE

W 5 – S. 182 SPANDAUER FORST
W 6 – S. 188 GLINDOWER ALPEN

UNTERKÜNFTE

W 7 – S. 192 ALTE SCHULE BRANDENBURG
W 8 – S. 198 ELBEGLÜCK
W 9 – S. 202 BAUERNKATE KLEIN THUROW

Die Locations des Buches sind nach Himmelsrichtungen sortiert. Es gibt zwei Karten, die Berlin-Karte mit den Hundewiesen und Parks und die Brandenburg-Karte mit Ausflügen und Kurztrips. Durch das Kompass-Kreuz kann es schon mal vorkommen, dass ein Stadtteil in einer anderen Himmelsrichtung als der geographisch üblichen einsortiert ist. Das Kreuz dient lediglich als Orientierung, damit die nächste Location schnell gefunden werden kann. Die Nummern auf den Karten haben die Anfangsbuchstaben der jeweiligen Himmelsrichtung und sind auf den Seiten der Locations oben rechts und links in Grün zu finden. Am rechten Seitenrand der Locations ist die Lokalisierung abgedruckt – erst die Art der Location, dann die Himmelsrichtung und der Kiez bzw. die Gegend.

Grundsätzlich müssen alle Hunde für die Hundesteuer beim Finanzamt gemeldet sein, auch eine Hundehaftpflichtversicherung und ein Chip sind Pflicht. Zusätzlich ist es empfehlenswert, dem Hund eine Marke mit Adresse und Telefonnummer am Halsband zu befestigen, damit er im Falle eines Falles schnell wieder zurückfinden kann.

Um ein gutes Miteinander aller zu gewährleisten, ist es wichtig, dass auf bestimmte Dinge geachtet wird. Dabei sollte es eine Selbstverständlichkeit sein, den Kot seines Tieres aufzusammeln und zu entsorgen. Wer dagegen verstößt, muss hier mit einem Bußgeld des Ordnungsamtes rechnen. Gut zu wissen: Biologisch abbaubare Kotbeutel machen preislich keinen großen Unterschied, haben auf die Umwelt aber einen deutlichen Effekt.

In Berlin gilt seit Januar 2019 die allgemeine *Leinenpflicht*, deshalb müssen Hunde auf allen Straßen, Plätzen, im Treppenhaus von Mietshäusern, Bussen und Bahnen, in Parks und Wäldern an die Leine genommen werden. Es gibt zwei Ausnahmen - HundebesitzerInnen, die ihren Hund schon vor Juli 2016 hatten und HalterInnen, die im Besitz eines Hundeführerscheins sind, dürfen ihre Hunde auf unbelebten Straßen und Plätzen ohne Leine führen. Hier ist wichtig, dass jeder eigenverantwortlich mit der Leinenregelung umgeht, da man auch hier mit einem Bußgeld rechnen muss, wenn das Ordnungsamt auf unangeleinte Hunde trifft.

Allerdings gilt auch bei frei laufenden Hunden - Rücksicht nehmen ist das A und O für ein schönes Miteinander. Deswegen ist es wichtig, beispielsweise auf Ängste vor Hunden mit Verständnis zu reagieren und das Tier anzuleinen. Gleiches gilt für andere HundebesitzerInnen, die darum bitten, keinen Hundekontakt zuzulassen, sei es aus Trainingsgründen oder weil das Tier vielleicht einfach nicht mit anderen Hunden kann.

Die meisten Locations im Buch sind gut mit den öffentlichen Verkehrsmitteln zu erreichen. Offiziell gilt in Bus und Bahn Leinenpflicht. Größere Hunde müssen einen Maulkorb tragen, kleinere Hunde können ohne Transporttasche mitgenommen werden. Hier wird in beiden Fällen aber oft auch eine Ausnahme gemacht, trotzdem ist es hilfreich, das nötige Zubehör immer dabeizuhaben. Außerdem fahren kleine Hunde und Welpen kostenlos, während größere Hunde ein ermäßigtes Ticket benötigen.

Im Auto gibt es zwar keine direkte Anschnallpflicht für Tiere, allerdings gelten sie rechtlich als Ladung und diese muss so gesichert sein, dass die Verkehrssicherheit des Fahrzeugs nicht beeinträchtigt wird und die Insassen und das Tier selbst nicht gefährdet werden. Die einfachste Lösung, gerade für große Hunde, ist eine Hundetransportbox, die hinten im Kofferraum verbaut wird. Eine gute Alternative hierzu ist ein Anschallgurt, den man unbedingt am Geschirr und nicht am Halsband befestigen sollte.

HUNDE IN UNTERKÜNFTEN

Bei Kurztrips mit Hund ist es wichtig, dass das Tier unterkunftstauglich ist und ein gewisser Grundgehorsam gegeben ist. Die hier vorgestellten Unterkünfte wurden alle mit viel Liebe und Herzblut hergerichtet und wollen auch in Zukunft Hunde und ihre BesitzerInnen mit offenen Armen empfangen. Eine Selbstverständlichkeit: Wenn Hunde im Garten frei laufen dürfen, sollten ihre Hinterlassenschaften entfernt werden.

ZECKENSCHUTZ

Zeckenschutz ist wichtig und sollte nicht vergessen werden – bei manchen Hunden wirken Kokos- oder Schwarzkümmelöl verlässlich. Diese natürlichen Alternativen sollten unbedingt getestet werden, bevor man zu chemischen Mitteln greift.

IM NOTFALL

In jedem Kiez gibt es Tierarztpraxen, die auch an Feiertagen und Wochenenden Notdienst haben, hier hilft eine genauere Internetsuche mit Ortsangabe sofort weiter und für den Ernstfall gibt es mehrere Notfallkliniken in Berlin, die schnell helfen können.

NORD

NORD

HUNDEWIESEN

N 1 – S. 20 Mauerpark
N 2 – S. 22 Arkenberge

PARKS

N 3 – S. 26 Volkspark am Weinbergspark
N 4 – S. 28 Humboldthain

AUSFLÜGE

N 5 – S. 34 Mühlenbecker Land
N 6 – S. 38 Briesetal
N 7 – S. 42 Schönower Heide

UNTERKÜNFTE

N 8 – S. 46 Dreesch 7
N 9 – S. 50 Re:hof Rutenberg
N 10 – S. 54 Birkenhof
N 11 – S. 58 Blockhaus Schorfheide

HUNDEWIESEN & PARKS

NORD

HUNDE

Im Mauerpark schmiegt sich zur Seite der Eberswalder Straße hin an einem kleinen Hügel ein eingezäunter Hundeauslauf, der sowohl von Straßen- als auch von Parkseite her zu begehen ist. Hier kann im Schatten der für den Park so bezeichnenden Flutlichtanlage - im Sommer auch im Schatten der Bäume - innegehalten werden, während die Hunde ihre Runden drehen. Sitzgelegenheiten sind dafür ausreichend vorhanden. In diesem Auslauf trifft man immer auf andere Hunde und HalterInnen, die Hundewiese ist daher eher für selbstbewusste und -sichere Hunde geeignet.

MAUERPARK

HUNDEWIESE NORD PRENZLAUER BERG

EBERSWALDER STRASSE 2, 10437 BERLIN

0 50 >100

ENTFERNUNG VON STADTMITTE IN KM

ARKENBERGE

HUNDEWIESE NORD BLANKENFELDE

Auf einem schmalen, ungefähr 1,5 Kilometer langen Weg lässt es sich hier im Sommer schon fast wie durch einen grünen Tunnel laufen. Eine Seite des Weges führt hinunter zum Blankenfelder Graben, dessen Wasser an heißen Tagen etwas Abkühlung verschafft, auf der anderen Seite bietet das Unterholz Platz für Versteck- und Schattenspiele. Hunde können hier völlig frei rennen, das Gebiet ist allerdings nicht eingezäunt, eine gute Abrufbarkeit des eigenen Hundes ist daher von Vorteil.

MÖLLERSFELDER WEG 1, 13159 BERLIN

0 50 >100

ENTFERNUNG VON STADTMITTE IN KM

VOLKSPARK AM WEINBERG

PARK NORD MITTE

Der Volkspark am Weinberg, auch Weinbergspark genannt, in Berlin-Mitte besteht im Prinzip aus einem kleinen Hügel und einem Teich und ist für Hunde der perfekte Ort für kleine Treffen mitten in der Stadt. Im Sommer empfiehlt es sich, früh zu kommen, denn im Laufe des Tages herrscht hier oft großer Andrang. Achtung, der Teich im Weinbergspark ist nicht eingezäunt!

WEINBERGSWEG 12, 10119 BERLIN

0 50 >100

ENTFERNUNG VON STADTMITTE IN KM

HUMBOLDTHAIN

PARK NORD GESUNDBRUNNEN

Ein weitläufiger Park, der alles hat, was das Herz begehrt, ist der Volkspark Humboldthain in Gesundbrunnen. Dieser Ort erinnert mit seinem schönen, alten Baumbestand eher an einen kleinen Wald als an einen Park. Hier trifft man auf der großen Hauptwiese entspannt auf andere Hunde oder erklimmt über einen Weg hinter dem Rosengarten die Aussichtsplattform Humboldthöhe. Wo früher zwei Flaktürme standen, hat man heute einen hervorragenden Blick über die ganze Stadt.

GUSTAV-MEYER-ALLEE 25, 13355 BERLIN

0 50 >100

ENTFERNUNG VON STADTMITTE IN KM

AUSFLÜGE & UNTERKÜNFTE

NORD

N 5

MÜHLENBECKER LAND

AUSFLUG NORD BRANDENBURG

MÜHLENBECKER LAND

AUSFLUG NORD BRANDENBURG

Ein Ausflug zum Aufatmen ist die Strecke an und zwischen den Waldseen Summter und Mühlenbecker See im Norden von Berlin. Hier verschwindet man zwischen Bäumen und Gräsern und taucht erst nach Stunden wieder auf. Mit Hund läuft es sich besonders schön Richtung Norden, die hochwachsenden Kiefern im Blick.

Bei warmen Temperaturen kann man mit Hund auch in den See waten, neben der Badestelle am Summter See gibt es rings um das Ostufer kleine, manchmal etwas abenteuerliche Möglichkeiten, ins seichte Nass zu kommen. Solltet ihr aus Versehen im nord-westlich vom Summter See liegenden FriedWald gelandet sein, ist Achtsamkeit geboten, hier bitte den Hund anleinen.

FISCHERWEG 7, 16567 MÜHLENBECKER LAND

0 50 >100

ENTFERNUNG VON STADTMITTE IN KM

Diese malerische Runde lässt Spazierende der Briese folgen, einem kleinen Fluss im Briesetal nahe Oranienburg. Die Briese erfreut sich als Ausflugsziel großer Beliebtheit. Ein Besuch zu eher unüblichen Zeiten erhöht die Chance, den Ort für sich allein zu haben.

Für den Rundweg kann man eine bis anderthalb Stunden kalkulieren. Los geht es an der Waldschule, vorbei an der kleinen Brücke und am Fluss entlang Richtung Osten. Bei nächster Möglichkeit überquert man den Fluss und macht sich wieder auf den Rückweg.

Wasserfreundliche Hunde kommen hier voll auf ihre Kosten, denn wenn es regnet, wird es ordentlich matschig.

BRIESE 13, 16547 BIRKENWERDER

0 50 >100

ENTFERNUNG VON STADTMITTE IN KM

BRIESETAL

AUSFLUG NORD BRANDENBURG

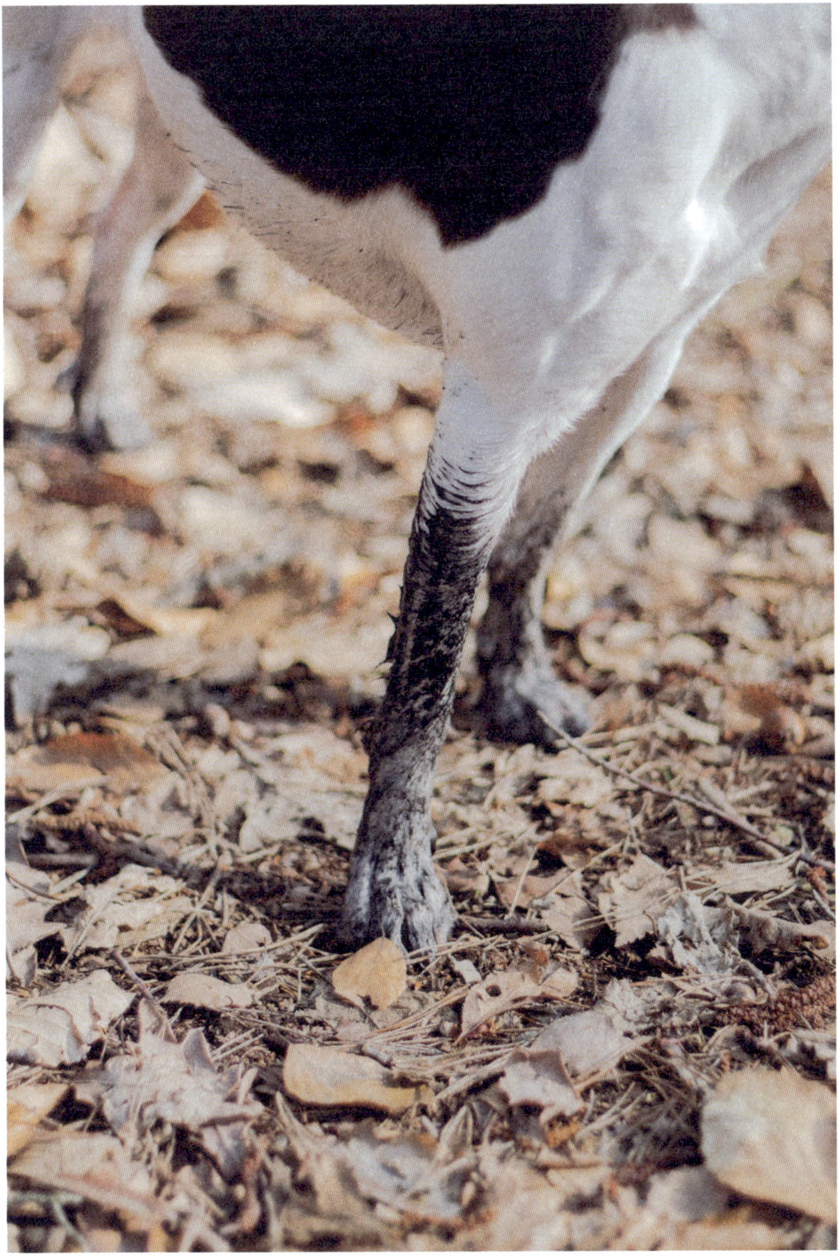

SCHÖNOWER HEIDE

AUSFLUG NORD BRANDENBURG

Das ehemalige militärische Übungsgelände nördlich von Berlin beherbergt seit 2000 ein 533 Hektar großes Naturschutzgebiet, zwischen dessen Gräsern Wild beobachtet und das sowohl auf einer kürzeren wie längeren Rundtour belaufen werden kann. In der Schönower Heide trifft man auf rauem Gras und unter weitem Himmel auf Spaziergänger, Familien und andere Hundebesitzer.

SCHÖNWALDER CHAUSSEE 33, 16321 BERNAU

0 50 >100

ENTFERNUNG VON STADTMITTE IN KM

DREESCH 7 – VON KUNST UND NATUR

Ganz in der Nähe Prenzlaus findet sich die Unterkunft Dreesch 7, in der Christiane Lünskens und Norbert Fliege mit viel Liebe zum Detail zwei Ferienwohnungen eingerichtet haben und an Gäste vermieten. Der große, abgeschlossene Garten mit Gemüsebeeten, Gewächshaus und Obstbaumbestand lädt zum stundenlangen Nichtstun ein - wer sich nach Bewegung sehnt, der kann in einen der zwei nahe liegenden Seen springen oder die schöne Umgebung für ausgiebige Spaziergänge nutzen. Und wer richtig Glück hat, der kann im Sommer erleben, wie der private Supperclub seine Tore öffnet und mit Produkten aus dem Garten und der Region ein 5-Gänge-Menü mit Weinbegleitung auf den Tisch des Hofes bringt. Auch Kreativschaffende kommen hier nicht zu kurz, von Zeit zu Zeit können Handwerk- und Kunstworkshops besucht werden.

DREESCH 7, 17291 GRÜNOW

INFO@DREESCH7.DE
WWW.DREESCH-SIEBEN.DE

0 50 >100

ENTFERNUNG VON STADTMITTE IN KM

DREESCH 7

UNTERKUNFT NORD BRANDENBURG

Am Rande des Naturparks Uckermärkische Seen findet sich auf einem ehemaligen Pfarrhof mit altem Obstgarten der von Marieken Verheyen und Martin Hansen betriebene Re:hof Rutenberg. Zwischen Mischwald und naturbelassenen Wiesen kann hier in minimalistisch und nachhaltig ausgebauten Ferienwohnungen und Gartenhäusern Urlaub gemacht werden. Das Gelände ist nicht eingezäunt und weil sich in dieser Gegend auch viel Wild bewegt, sollten Hunde besser angeleint bleiben. Seen mit versteckten Badestellen, asphaltierte Fahrradwege und Hofläden oder Restaurants der Umgebung lassen keine Wünsche offen.
Hier lässt sich richtig abschalten: Der Hof wird so nachhaltig wie möglich betrieben und Internet und Mobilfunkempfang darf man hier auch mal gegen erholsame Stille und ein Buch eintauschen.

DORFSTRASSE 23, 17279 LYCHEN

GAST@REHOF-RUTENBERG.DE
WWW.REHOF-RUTENBERG.DE

0 50 >100

ENTFERNUNG VON STADTMITTE IN KM

RE:HOF RUTENBERG

UNTERKUNFT NORD BRANDENBURG

DER BIRKENHOF

UNTERKUNFT NORD BRANDENBURG

Mitten in der Uckermark, in Petershagen, hat Stefan Zielonkowski mit dem Birkenhof einen Ort geschaffen, an dem unter der Sonne Brandenburgs entspannt werden kann. Das drei Hektar große Grundstück ist mit seinen Wiesen, Bäumen und dem historischen Bauerngarten der perfekte Ort, um den Hund auf ein paar Tage abseits der Großstadt mitzunehmen. Das Gelände ist teilweise eingezäunt, die Tiere dürfen sich frei bewegen. Hier mangelt es außer an Hektik an gar nichts - Obst, Gemüse und Eier bekommen Gäste auf dem Birkenhof aus dem Bauerngarten und wem nach einem Ausflug zumute ist, der macht sich auf an den nahegelegenen Damitzower Waldsee.

DORFSTRASSE 5, 16306 PETERSHAGEN

ZIEL@STEFANZIELONKOWSKI.DE
WWW.BIRKENHOF-UCKERMARK.DE

0 50 >100

ENTFERNUNG VON STADTMITTE IN KM

BLOCKHAUS SCHORFHEIDE

UNTERKUNFT NORD BRANDENBURG

BLOCKHAUS SCHORFHEIDE

UNTERKUNFT NORD BRANDENBURG

Am Fuß des Üdersees befindet sich das Blockhaus Schorfheide, ein idyllischer Ort am Wasser. Hier lässt sich direkt vom Frühstückstisch aus in den See springen. Alternativ kann man den Tag ganz ohne Hektik in der Sonne auf dem Steg verstreichen lassen. Hunde sind auf dem beinahe einen Hektar großen, eingezäunten Waldgrundstück mehr als willkommen, hier kann nach Herzenslust zwischen Bäumen, Steg und Schilf gerannt und gedöst werden. Vom privaten Bootssteg aus können Gäste schwimmen gehen oder auf dem Üdersee eine Tour mit dem Ruderboot machen.

ÜDERSEE NORD 55, 16244 SCHORFHEIDE

MAIL@BLOCKHAUS-SCHORFHEIDE.DE
WWW.BLOCKHAUS-SCHORFHEIDE.DE

0 50 >100

ENTFERNUNG VON STADTMITTE IN KM

O

OST

HUNDEWIESEN

01 – S. 68 Revaler Straße
02 – S. 72 Volkspark Friedrichshain

PARKS

03 – S. 74 Zum Langen Jammer
04 – S. 76 Treptower Park
05 – S. 80 Volkspark Friedrichshain

AUSFLÜGE

06 – S. 84 Plänterwald
07 – S. 90 Erpetal
08 – S. 94 Krumme Lake

UNTERKÜNFTE

09 – S. 98 Dreiseitenhof
010 – S. 104 Villa Honigpumpe
011 – S. 108 Wasserwerk Bad Saarow

HUNDEWIESEN & PARKS

OST

Wer die Hundewiese an der Revaler Straße betritt, der landet abseits dieses lebendigen Teils der Stadt auf einem ruhigen Platz, der zu sicherem Spiel mit Artgenossen oder Beschäftigung auf dem kleinen Parcours einlädt. Der Platz ist über ein doppeltes Eingangstor zu erreichen, sodass kein Hund auf die Straße entwischen kann und dazukommende Hunde einfach reinfinden können. Hier kommen entspannte Hundebesitzerlnnen zusammen, die gut auf ihre Tiere achten und die hier sogar Sitzgelegenheiten finden, wenn das Rennen im Rudel mal länger dauern sollte.

REVALER STRASSE 17, 10245 BERLIN

0 50 >100

ENTFERNUNG VON STADTMITTE IN KM

REVALER STRASSE

HUNDEWIESE OST FRIEDRICHSHAIN

VOLKSPARK FRIEDRICHSHAIN

HUNDEWIESE OST FRIEDRICHSHAIN

Die Hundewiese im Volkspark Friedrichshain ist hinter dem Volleyballfeld und dem großen Getümmel von der Danziger Straße aus zu erreichen. Hier lässt es sich im Hochsommer gut aushalten, die Bäume spenden angenehm viel Schatten. Der Auslauf ist allerdings nichts für Angsthunde oder Ausreißer, da der tiefe Zaun leicht übersprungen werden kann.

VIRCHOWSTRASSE, 10249 BERLIN

0 50 >100

ENTFERNUNG VON STADTMITTE IN KM

ZUM LANGEN JAMMER

PARK OST PRENZLAUER BERG

Neben dem Blankensteinpark befindet sich ein kleiner Grünstreifen am "Zum Langen Jammer", den man schön für kurze Runden oder die hundefreundliche Mittagspause nutzen kann. Dieser Teil des Parks ist voll ausgestattet - es gibt Hundekotbeutelspender, Mülleimer und Bänke. Das Stück eignet sich super für eine kurze Runde zwischendurch, allerdings ist die Fläche nicht eingezäunt und in Straßennähe, daher ist Vorsicht geboten.

ZUM LANGEN JAMMER 7, 10247 BERLIN

0 50 >100

ENTFERNUNG VON STADTMITTE IN KM

TREPTOWER PARK

PARK OST ALT-TREPTOW

An die Ufer der Spree schmiegt sich der Treptower Park, einer dieser schönen Orte, der einen vergessen lässt, dass man sich in Berlin befindet. Mit seinen großen, feldartigen Wiesen und den versteckteren Schattenplätzen unter Bäumen bietet der Park nicht nur für Hunde abwechslungsreiche Spaziergänge. Besonders schön ist der künstlich angelegte Karpfenteich im südlichen Teil des Parks.

ALT-TREPTOW 1, 12435 BERLIN

0 50 >100

ENTFERNUNG VON STADTMITTE IN KM

VOLKSPARK FRIEDRICHSHAIN

PARK OST FRIEDRICHSHAIN

Der Volkspark Friedrichshain ist einer dieser weitläufigen Parks, in dem man selbst nach diversen Spaziergängen immer noch nicht alles gesehen hat. Hier gibt es große Wiesen, kleine Bachläufe und hügelige Wege, die an immer neue Orte führen. Ein Kleinod, in dem man – trotz zentraler Lage – gut entspannen kann. Gut zu wissen: Im Freiluftkino Friedrichshain dürfen Hunde angeleint mitgebracht werden!

AM FRIEDRICHSHAIN 19, 10407 BERLIN

0 50 >100

ENTFERNUNG VON STADTMITTE IN KM

AUSFLÜGE & UNTERKÜNFTE

OST

PLÄNTERWALD

AUSFLUG OST PLÄNTERWALD

Der Plänterwald ist ein verwunschener, kleiner Wald, dessen verwachsene Wege und efeuumrankte Bäume beim Spaziergang für leicht mystische Stimmung sorgen. Im Norden befindet sich der stillgelegte Spreepark – die verlassene Ruine eines DDR-Vergnügungsparks. Das Gelände kann mit einem Guide besichtigt werden. Ganz in der Nähe trifft man auf die Insel der Jugend, die mit einem Biergarten direkt am Ufer der Spree ein schönes Plätzchen zum Entspannen nach langen Routen an der frischen Luft bietet.

NEUE KRUGALLEE 51, 12435 BERLIN

ENTFERNUNG VON STADTMITTE IN KM

PLÄNTERWALD

AUSFLUG OST PLÄNTERWALD

ERPETAL

AUSFLUG OST BRANDENBURG

Die wunderschöne Wiesenlandschaft des Erpetals ist eines der wenigen erhaltenen Fließtäler in und um Berlin. Dieser Ort bietet Freiheit für Auge und Seele, hier kann sich Hund über die Weiten der Wiese und bis an den Waldrand treiben lassen.

Außerdem gibt es die Möglichkeit, den schönen Rundweg entlang des Neuenhagener Mühlenfließes zu wandern, für diese Tour sollte man ungefähr eine bis anderthalb Stunden einplanen.

MÜHLENSTRASSE 9, 15366 HOPPEGARTEN

0 50 >100

ENTFERNUNG VON STADTMITTE IN KM

07

KRUMME LAKE

AUSFLUG OST GRÜNAU

Bei dieser Tour läuft man am ruhigen Fließ entlang und folgt dem gemächlichen Lauf gen Norden. Über moosige Brücken, mit weichem Boden unter den Füßen und einem Feld mit Wildgräsern im Blick. Die Krumme Lake ist nicht zu verwechseln mit dem etwas weiter westlich gelegenen See Krumme Lanke.

RABINDRANATH-TAGORE-STRASSE 25, 12527 BERLIN

0 50 >100

ENTFERNUNG VON STADTMITTE IN KM

DREISEITENHOF

UNTERKUNFT OST BRANDENBURG

Den Traum vom alten Bauernhaus in Brandenburg verkörpert der Dreiseitenhof nahe der polnischen Grenze, der von Berlin aus definitiv eine Reise wert ist. Das schöne Haus liegt an einem Feld, nach einem kleinen Fußmarsch steht man auch schon mitten im Wald. Ganz in der Nähe befindet sich ein Badesee, der auch mit Hund besucht werden kann. Außerdem lädt die Oder mit ihrem Damm zu langen Spaziergängen oder idyllischen Fahrradtouren ein. Kultur und Gastronomie finden Gäste im Schloß Neuhardenberg und im Schloß Reichenow ganz in der Nähe. Außerdem lohnt ein Besuch im Theater am Rand, wo – umgebenen von Kühen – Aufführungen stattfinden. Es gibt vor Ort kein W-Lan, dafür einen atemberaubenden Sternenhimmel.

15320 NEUHARDENBERG

0 50 >100

ENTFERNUNG VON STADTMITTE IN KM

CONTACT@SARAHEICK.COM
www.airbnb.de/rooms/3472229

DREISEITENHOF

UNTERKUNFT OST BRANDENBURG

VILLA HONIGPUMPE

UNTERKUNFT OST BRANDENBURG

Umgeben von Seen und viel Wald steht dieses herrliche Kleinod in Buckow in der Märkischen Schweiz. Das über 100 Jahre alte Haus der Villa Honigpumpe wurde mit viel Hingabe saniert und bietet Gästen mit Hund zwei Doppelzimmer und einen verwunschenen, eingezäunten Garten. Auf der großen Veranda oder dem Balkon lässt sich morgens mit den ersten Sonnenstrahlen die Luft Brandenburgs genießen, vom Balkon aus sogar mit Blick auf den Schermützelsee. Der Naturpark lädt zu idyllischen Spaziergängen oder Radtouren ein. Das Zentrum Buchows ist zu Fuß zu erreichen, hier kann man einkaufen und essen gehen. Wichtige Anlaufstellen im Sommer sind das Strandbad und Billys Bootssteg, im Winter das Kino im Ort.

BERTOLT-BRECHT-STRASSE 37,
15377 BUCKOW

www.airbnb.de/rooms/5994466

0 50 >100

ENTFERNUNG VON STADTMITTE IN KM

WASSERWERK BAD SAAROW

UNTERKUNFT OST BRANDENBURG

Die außergewöhnlich ausgebauten Lofts des Wasserwerks Bad Saarow bieten Raum für Besucher, auf die fernab der Stadt eine Mischung aus Seen, Wäldern, Wanderwegen und Fahrradstrecken wartet. Frühstück kann im Wasserwerk optional dazugebucht werden. Ob Spaziergänge um den Scharmützelsee, ein Abstecher in den Kurpark oder Entspannung in der Therme direkt gegenüber - hier bleiben keine Wünsche offen. Gut zu wissen: Das Anwesen ist von einem Zaun umgeben und wen es weiter vor die Tür treibt, der kann sich durch zahlreiche Restaurants und Cafés probieren.

Ulmenstrasse 12, 15526 Bad Saarow

INFO@WASSERWERK-BADSAAROW.DE
WWW.WASSERWERK-BADSAAROW.DE

0 50 >100

ENTFERNUNG VON STADTMITTE IN KM

S

SÜD

SÜD

HUNDEWIESEN

S 1 – S. 116 Tempelhofer Feld

S 2 – S. 120 Volkspark Hasenheide

S 3 – S. 122 Park am Gleisdreieck

PARKS

S 4 – S. 124 Anita-Berber-Park

S 5 – S. 128 Park am Gleisdreieck

S 6 – S. 134 Viktoriapark

AUSFLÜGE

S 7 – S. 140 Torfbusch

S 8 – S. 144 Gipsbrüche

UNTERKÜNFTE

S 9 – S. 150 Schloss Stülpe

S 10 – S. 156 Blockhaus Kauper 63

HUNDEWIESEN & PARKS

SÜD

Das Tempelhofer Feld lässt nicht nur viel Raum zum Atmen und in die Weite gucken, auch die zwei Hundewiesen auf dem ehemaligen Flugfeld bieten einen geschützten, eingezäunten Raum für Hunde und deren Besitzer. Auf Höhe der Oderstraße gelangt man zum ersten Auslauf, 100 Meter weiter südlich liegt die andere, nahezu identische Hundewiese. Hier ist genug Platz für alle, die Wiese ist gut zu überblicken und während die Hunde ihre Kurzstrecken rennen, können Besitzer unter dem Himmel Berlins zwei Worte oder nur nette Blicke wechseln. Auf der Wiese wird leidenschaftlich gerne gebuddelt, also aufgepasst bei Löchern. Im Sommer den Sonnenschutz nicht vergessen, Schatten sucht man hier nämlich vergeblich.

TEMPELHOFER DAMM 103, 12099 BERLIN

ENTFERNUNG VON STADTMITTE IN KM

TEMPELHOFER FELD

HUNDEWIESE SÜD TEMPELHOF

VOLKSPARK HASENHEIDE

HUNDEWIESE SÜD NEUKÖLLN

Die Hundewiese in der Hasenheide in Neukölln lässt quasi keinen Wunsch offen: Auf, über und in Tunneln und Baumstämmen lässt es sich toben und üben, dabei spenden die hohen Baumkronen im Sommer Schatten. Für Besitzer gibt es ein paar Bänke und ein kleiner Holzpavillon bietet Schutz vor allen möglichen Wettervariationen.

Die Wiese ist über mehrere Eingänge zu betreten und damit auch angenehm übersichtlich.

HASENHEIDE 82, 10967 BERLIN

0 50 >100

ENTFERNUNG VON STADTMITTE IN KM

PARK AM GLEISDREIECK – UND DAZWISCHEN DIE HUNDEWIESE

Wer dem Gewusel im großen Teil des Gleisdreieckparks lieber ausweichen möchte, der kann mit Hund entspannt die kleine Hundewiese besuchen, die im westlichen Teil zu finden ist. Eingezäunt kann hier nach Herzenslust getobt und gerannt werden, ohne dass Radfahrer oder andere Parkbesucher dazwischen kommen.

LUCKENWALDER STRASSE 5, 10963 BERLIN

0 50 >100

ENTFERNUNG VON STADTMITTE IN KM

PARK AM GLEISDREIECK

HUNDEWIESE SÜD KREUZBERG

ANITA-BERBER-PARK

PARK SÜD NEUKÖLLN

Diese versteckte Hundespielwiese erreicht man von Osten kommend, den U-Bahnhof Leinestraße im Rücken. Richtung Tempelhofer Feld ist die Wiese auf der linken Seite zu finden.

Die Hundewiese ist zwar nicht eingezäunt, aber hier lässt es sich abseits des Rummels auf dem Tempelhofer Feld entspannt und eingerahmt von stattlichen Bäumen spielen, rennen und ausruhen.

HERMANNSTRASSE 80, 12049 BERLIN

0 50 >100

ENTFERNUNG VON STADTMITTE IN KM

PARK AM GLEISDREIECK

PARK SÜD KREUZBERG

PARK AM GLEISDREIECK

PARK SÜD KREUZBERG

Der Park am Gleisdreieck erstreckt sich vom Landwehrkanal aus über die U-Bahnstation Gleisdreieck bis hin zur Yorckstraße. Die öffentliche Grünanlage mit 31,5 Hektar besteht aus zwei Teilen - dem kleineren, ruhigeren Teil im Westen, in dem sich auch eine Hundewiese befindet und dem etwas größeren Teil im Osten. Hier kann man schön sitzen und den vielen Sportlern, Skatern und Spazierenden zugucken. Ein Park, der gut besucht ist und in dem sich immer ein Artgenosse zum Spielen findet.

MÖCKERNSTRASSE 26, 10963 BERLIN

0 50 >100

ENTFERNUNG VON STADTMITTE IN KM

S 6 VIKTORIAPARK – AUF DEM KREUZBERG, ÜBER DER STADT

Im verwunschenen Viktoriapark befindet sich auch der Berg, nach dem der umliegende Ortsteil benannt worden ist – der Kreuzberg. Nach einem kleinen Anstieg durch den Park erreicht man das Nationaldenkmal, von dem aus über die Baumwipfel hinweg eine fantastische Sicht genossen werden kann. Im Viktoriapark lässt sich entspannt an dem künstlich angelegten Wasserfall entlangspazieren, auf einer der Wiesen Ball spielen oder im Schatten der vielen Bäume ausruhen.

KREUZBERGSTRASSE 70 · 10965 BERLIN

0 50 >100

ENTFERNUNG VON STADTMITTE IN KM

VIKTORIAPARK

PARK SÜD KREUZBERG

AUSFLÜGE & UNTERKÜNFTE

SÜD

S 7 **TORFBUSCH – TORFBUSCH AN DEN WILDBLUMEN**

In diesem Naturschutzgebiet kann man wunderschöne Spaziergänge im Stillen unternehmen, denn meistens sind hier wenige Hunde unterwegs. Betritt man den Torfbusch über den Weg, der am Ponyhof links vorbeiführt, passiert man eine herrliche Wildblumenwiese, die an die Kindheit erinnert. Hat man die Brücke zu Beginn überquert, lässt sich hier nach Betreten des Waldes in anderthalb Stunden eine entspannte Runde laufen. Das schöne Stück Natur ist von der Glasower Straße aus über den Luchweg, der sich als Feldweg den Torfbuschgraben entlangzieht, zu erreichen. Ein kleiner Pfad führt anschließend durch ein Waldstück zum Torfbusch selbst.

GLASOWER STRASSE 6, 12529 SCHÖNEFELD

0 50 >100

ENTFERNUNG VON STADTMITTE IN KM

TORFBUSCH

AUSFLUG SÜD BRANDENBURG

GIPSBRÜCHE
AUSFLUG SÜD BRANDENBURG

Das Naturschutzgebiet Sperenberger Gipsbrüche umfasst vier sogenannte Restlöcher des ehemaligen Gipstagebaus, die nördlich des Krummer Sees liegen. Hier ist es möglich, einen Rundweg zu laufen - passiert man oberhalb der kleinen Seen die großen Felder, hat man eine tolle Aussicht. Wer den Pfad oben entlang wählt, sollte seinen Hund an den Aussichtspunkten nah bei sich führen, denn es geht teilweise steil den Hang hinunter und bei starkem Regen ist es allgemein eher empfehlenswert, unten in Wassernähe zu bleiben.

GIPSBRÜCHE

AUSFLUG SÜD BRANDENBURG

MÜHLENWEG, 15838 AM MELLENSEE

0 50 >100

ENTFERNUNG VON STADTMITTE IN KM

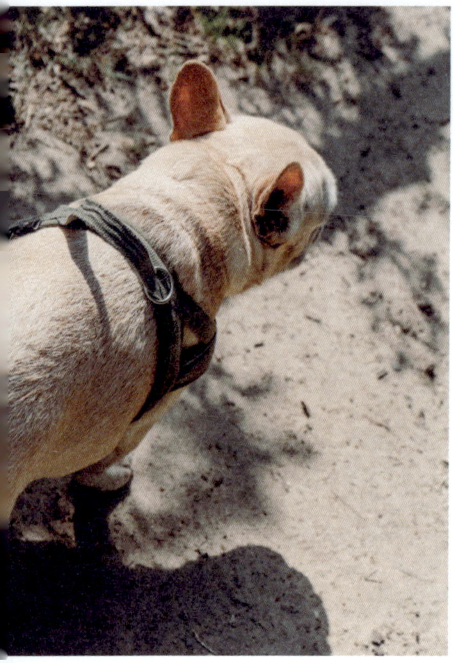

SCHLOSS STÜLPE

UNTERKUNFT SÜD BRANDENBURG

SCHLOSS STÜLPE

UNTERKUNFT SÜD BRANDENBURG

Südlich von Berlin liegt Schloss Stülpe, ein 1754 erbautes Barockschloss. Eine von Naturschutzgebieten und Seen umgebene Location für schillernde Feste oder entspannte Auszeiten. Hunde sind hier mehr als willkommen, es gibt eine große Wiese zum Toben und Spielen und auf den ausgewiesenen Wanderwegen lassen sich ausgiebige Spaziergänge unternehmen. Ob Apartments mit eigener Sauna und Whirlpools, hochherrschaftliche Suiten oder einfache Stallromantik – hier findet jeder Gast Ruhe.

SCHÖNEFELDER CHAUSSEE 17,
14947 NUTHE-URSTROMTAL

INFO@SCHLOSS-STUELPE.DE
WWW.SCHLOSS-STUELPE.DE

0 50 >100

ENTFERNUNG VON STADTMITTE IN KM

Auf diesem 8000 Quadratmeter großen Grundstück im Spreewald bekommt Ruhe eine völlig neue Bedeutung, denn die zwei Häuschen von Franziska und Karsten Mydlak genießen Alleinlage. Vom Steg aus lässt sich direkt nach dem Morgenkaffee zu einer Bootstour starten – Kanus, in die Hunde mitgenommen werden können, oder alternativ Kajaks stehen kostenfrei zur Verfügung. Das Gelände ist nicht eingezäunt, dafür umgeben von Feldern und auf der Nordseite führt eine Fahrradstraße vorbei – für Fahrradtrips vom Kauper 63 aus ideal. Ganz in der Nähe hat auch ein deutscher Dichter Spuren hinterlassen, ab dem Waldhotel beginnt der Fontane-Wanderweg.

BLOCKHAUS KAUPER 63

UNTERKUNFT SÜD BRANDENBURG

WILLISCHZAWEG 44, 03096 BURG

BUCHUNGSANFRAGE@KAUPER63.DE
WWW.KAUPER63.DE

0 50 >100
ENTFERNUNG VON STADTMITTE IN KM

WEST

WEST

HUNDEWIESEN

W 1 – S. 164 Jungfernheide

W 2 – S. 168 Grunewald

PARKS

W 3 – S. 172 Tiergarten

W 4 – S. 176 Volkspark Rehberge

AUSFLÜGE

W 5 – S. 182 Spandauer Forst

W 6 – S. 188 Glindower Alpen

UNTERKÜNFTE

W 7 – S. 192 Alte Schule Brandenburg

W 8 – S. 198 Elbeglück

W 9 – S. 202 Bauernkate Klein Thurow

HUNDEWIESEN & PARKS

WEST

Die Jungfernheide (Forst), nicht zu verwechseln mit dem etwas weiter südlich gelegenen Volkspark Jungfernheide, ist ein kleiner Wald mit großem Hundeauslaufgebiet, das von Berlin aus gut zu erreichen ist. In der Nähe liegt der Tegeler See, der allerdings von der Jungfernheide deutlich durch die Bernauer Straße getrennt und am besten auch zu meiden ist, da es dort in der Vergangenheit bei Hunden Vorfälle mit Blaualgen gegeben hat. Der Forst lässt sich wunderbar für stille Spaziergänge unter hohen Baumkronen nutzen, hier begegnet man seltener anderen Spaziergängern und kann sich ganz auf die Route konzentrieren. Im Nordosten nahe dem Werdohler Weg befindet sich außerdem ein Parcours, auf dem Hunde ihre Geschicklichkeit trainieren können.

BERNAUER STRASSE 3, 13507 BERLIN

0 50 >100

ENTFERNUNG VON STADTMITTE IN KM

JUNGFERNHEIDE

HUNDEWIESE WEST TEGEL

Beim Hundeauslaufgebiet Grunewald handelt es sich um einen Teil des Grunewalds, in dem Hunde nach Lust und ohne Leine spielen und rennen dürfen. Den Mittelpunkt bildet der schöne Grunewaldsee, der auch offizieller Hundesee ist. Bei gutem Wetter sind hier viele Hunde unterwegs, da ist es ratsam, dass jeder gut auf sein eigenes Tier achtet, um ein harmonisches Miteinander zu gewährleisten. Auch ein Rundgang ist möglich, die Strecke folgt dem Waldweg einmal außen um den See herum. Vorsicht ist am Steg, der kurz nach der Brücke am nördlichen Ende des Sees liegt, geboten. Hier ist der Boden sehr morastig und Hunde, die hier reinspringen, riechen gern mal ein ganzes Wochenende nach Schlammschlacht.

GRUNEWALD

HUNDEWIESE WEST GRUNEWALD

IM JAGEN 5, 14195 BERLIN

0 50 >100

ENTFERNUNG VON STADTMITTE IN KM

TIERGARTEN – BERLINS GROSSER GARTEN

Die Parkanlage des Großen Tiergartens in Berlin umfasst 210 Hektar grüne Weite und ist mit ihren vielen kleinen Brücken, Bänken und Brunnen ein Ort, an dem in aller Ruhe viel Zeit mit Spazieren und Beobachten verbracht werden kann. Auf den Wiesen bleibt dabei genug Platz zum Treffen und Spielen. Einige der großen Berliner Verkehrsachsen durchkreuzen den Park, darunter die Straße des 17. Juni, die mit anderen Straßen am Großen Stern bei der Siegessäule zusammenläuft. Auf den größeren Alleen ist es ratsam, gut aufzupassen, hier fahren viele Radfahrer und es kann stressiger werden als auf den abseitigen Pfaden und Wiesen.

JOHN-FOSTER-DULLES-ALLEE 12, 10557 BERLIN

0 50 >100

ENTFERNUNG VON STADTMITTE IN KM

TIERGARTEN

PARK WEST TIERGARTEN

Die insgesamt 78 Hektar großen Grünflächen des Volksparks Rehberge dehnen sich im Wedding nahe dem Afrikanischen Viertel aus und bieten mit ihrer begrünten Weite einen Ort, der immer eine innerstädtische Reise wert ist. Selten findet man in Berlin so viel Platz und Raum zum Laufen, Liegen und gepflegten Nichtstun. Im nördlichen Teil des Parks gibt es einen kleinen, eingezäunten See, den Möwensee, und das Freiluftkino. Im Süd-Westen befindet sich am Rand des Parks auch ein kleiner Hundeauslauf, da dieser allerdings direkt am Fahrradweg liegt, sind die ruhigen Wiesen innerhalb der Rehberge eher zu empfehlen.

WINDHUKER STRASSE 52, 13351 BERLIN

0 50 >100

ENTFERNUNG VON STADTMITTE IN KM

VOLKPARK REHBERGE

PARK WEST WEDDING

AUSFLÜGE & UNTERKÜNFTE

WEST

SPANDAUER FORST

AUSFLUG / WEST / HAKENFELDE

SPANDAUER FORST

AUSFLUG WEST HAKENFELDE

Nach einem kurzen Weg aus der Stadt heraus finden Hund und Halter im Spandauer Forst eine uneingezäunte Hundewiese, die entspannte Spaziergänge abseits des großen Trubels verspricht. Hier herrscht keine Leinenpflicht, allerdings ist Vorsicht geboten, denn die Straße ist nicht weit entfernt. Im Sommer kann man sich Abkühlung in einem kleinen See verschaffen.

Auch abseits der Hundewiese Hakenfelde lässt es sich gut durch den 1347 Hektar großen Forst spazieren. Überquert man die Bahngleise, trifft man irgendwann auf ein Wildgehege, in dem man Wildschweine und Hirsche beobachten kann. Zum Schutz aller Tiere gilt hier natürlich wieder Leinenpflicht.

SCHÖNWALDER ALLEE 28, 13587 BERLIN

0 50 >100

ENTFERNUNG VON STADTMITTE IN KM

Richtig abenteuerlich wird es auf einer Tour durch die Glindower Alpen in Werder an der Havel. Umgeben von viel Stein lässt es sich im Wald durch die schluchtenähnliche Landschaft wandern, der Weg führt über wacklige Brücken und bemooste Felsen. Spaziergänger erahnen hier, wieso dieser Ort den Namen Glindower Alpen trägt. Eine Strecke, die Hund und Halter fordert und die gute Chancen hat, zum liebsten Erlebnisausflug zu werden. Und wenn man schon mal den Weg in die Glindower Alpen auf sich genommen hat, lohnt auch ein Besuch im nahen Ziegeleimuseum, das zwischen Glindower See und Alpen liegt.

AN DER ZIEGELEI, 14542 WERDER

0 50 >100

ENTFERNUNG VON STADTMITTE IN KM

GLINDOWER ALPEN

AUSFLUG WEST BRANDENBURG

NATURLEHRPFAD

ALTE SCHULE BRANDENBURG

UNTERKUNFT WEST BRANDENBURG

ALTE SCHULE BRANDENBURG – FERIEN IN DER ALTEN SCHULE

In der Nähe von Kyritz an der Knatter in einem kleinen Ort mit dem klangvollen Namen Sechzehneichen liegt die Alte Schule Brandenburg, eine liebevoll renovierte alte Schule mit Wildgarten, in der Corinna Kassner Gäste empfängt. Umgeben von Feldern und Wald lässt sich hier gemeinsam mit den Hühnern auf dem Gelände entspannen und Urlaubsluft atmen. Hunde, die hier Ferien machen, sollten also keinen Jagdtrieb haben und gut mit anderen Tieren auskommen. Ganz in der Nähe befinden sich zwei Seen – unbedingt zu besuchen ist der Brandenburger Inselgarten mit der INSL Kyritz, auf der es sich, die Füße im Wasser und ein Glas in der Hand, wunderbar abschalten lässt.

KYRITZER STRASSE 33,
16866 SECHZEHNEICHEN

INFO@ALTESCHULEBRANDENBURG.DE
WWW.ALTESCHULEBRANDENBURG.DE

0 50 >100

ENTFERNUNG VON STADTMITTE IN KM

ALTE SCHULE BRANDENBURG

UNTERKUNFT WEST BRANDENBURG

LA LA LAND

Elbeglück, das findet man hier ganz sicher, in der kleinen Pension von Frîa Hagen und Volker Warning am Elbdeich in Mödlich. Mödlich und seine Umgebung sind Teil des UNESCO-Biosphärenreservats "Flusslandschaft Elbe" in Brandenburg und beeindrucken BesucherInnen mit abwechslungsreicher Flora und Fauna. Unterkommen kann man im Elbeglück in Apartments oder einem der zwei Ferienhäuser. Das Gartenlokal versorgt Gäste und BesucherInnen, die vom Elberadwanderweg hinter den Deich finden, mit Kaffee, Kuchen und Kleinigkeiten. Mit Störchen im Frühling und Kranichen im Herbst lässt sich hier ganz wunderbar zur Ruhe finden.

ELBEGLÜCK

UNTERKUNFT WEST BRANDENBURG

LENZENER STRASSE 13,
19309 LENZERWISCHE

MAIL@PENSION-AM-ELBDEICH.DE
WWW.PENSION-AM-ELBDEICH.DE

0 50 >100

ENTFERNUNG VON STADTMITTE IN KM

BAUERNKATE KLEIN THUROW

UNTERKUNFT WEST MECKLENBURG-VORPOMMERN

BAUERNKATE KLEIN THUROW

UNTERKUNFT WEST MECKLENBURG-VORPOMMERN

Im Biosphärenreservat Schaalsee – Teil des Naturschutzprojektes "Grünes Band" und von der UNESCO zum Weltnaturerbe erklärt – findet sich die Bauernkate Klein-Thurow. Hier haben Jutta und Frank Strauß in einer ehemaligen Lohnarbeiterkate Ferienwohnungen entstehen lassen, deren Türen und Terrassen Gästen von April bis Mitte Oktober offen stehen. Die Scheune auf dem Gelände wurde nach historischem Vorbild rekonstruiert und an den alten Kachelöfen lassen sich abends nach langen Spaziergängen im Naturpark die Füße und Pfoten ausstrecken. Ganz in Ruhe kann man hier den großen Garten genießen und sich an der Koppel mit Schafen und Teich erfreuen oder die Umgebung bei Wanderungen oder Radtouren erkunden.

DORFSTRASSE 6, 19205 KLEIN THUROW

STRAUSS@BAUERNKATE-KLEIN-THUROW.DE
WWW.BAUERNKATE-KLEIN-THUROW.DE

0 50 >100

ENTFERNUNG VON STADTMITTE IN KM

HUNDEWIESEN

ARKENBERGE S. 22
GRUNEWALD S. 168
JUNGFERNHEIDE S. 164
MAUERPARK S. 20
PARK AM GLEISDREIECK S. 122
REVALER STRASSE S. 68
TEMPELHOFER FELD S. 116
VOLKSPARK FRIEDRICHSHAIN S. 72
VOLKSPARK HASENHEIDE S. 120

PARKS

ANITA-BERBER-PARK S. 124
HUMBOLDTHAIN S. 28
PARK AM GLEISDREIECK S. 128
TIERGARTEN S. 172
TREPTOWER PARK S. 76
VIKTORIAPARK S. 134
VOLKSPARK AM WEINBERG S. 26
VOLKSPARK FRIEDRICHSHAIN S. 80
VOLKSPARK REHBERGE S. 176
ZUM LANGEN JAMMER S. 74

AUSFLÜGE

BRIESETAL S. 38
ERPETAL S. 90
GIPSBRÜCHE S. 144
GLINDOWER ALPEN S. 188
KRUMME LAKE S. 94
MÜHLENBECKER LAND S. 34
PLÄNTERWALD S. 84
SCHÖNOWER HEIDE S. 42
SPANDAUER FORST S. 182
TORFBUSCH S. 140

UNTERKÜNFTE

ALTE SCHULE BRANDENBURG S. 192
BAUERNKATE KLEIN THUROW S. 202
BIRKENHOF S. 54
BLOCKHAUS KAUPER 63 S. 156
BLOCKHAUS SCHORFHEIDE S. 58
DREISEITENHOF S. 98
DREESCH 7 S. 46
ELBEGLÜCK S. 198
RE:HOF RUTENBERG S. 50
SCHLOSS STÜLPE S. 150
VILLA HONIGPUMPE S. 104
WASSERWERK BAD SAAROW S. 108

A

ALTE SCHULE BRANDENBURG S. 192

ANITA-BERBER-PARK S. 124

ARKENBERGE S. 22

B

BAUERNKATE KLEIN THUROW S. 202

BIRKENHOF S. 54

BLOCKHAUS KAUPER 63 S. 156

BLOCKHAUS SCHORFHEIDE S. 58

BRIESETAL S. 38

D

DREISEITENHOF S. 98

DREESCH 7 S. 46

E

ELBEGLÜCK S. 198

ERPETAL S. 90

G

GIPSBRÜCHE S. 144

GLINDOWER ALPEN S. 188

GRUNEWALD S. 168

H

HASENHEIDE S. 120

HUMBOLDTHAIN S. 28

J

JUNGFERNHEIDE S. 164

K

KRUMME LAKE S. 94

M

MAUERPARK S. 20

MÜHLENBECKER LAND S. 34

P

PARK AM GLEISDREIECK S. 122, S. 128

PLÄNTERWALD S. 84

R

RE:HOF RUTENBERG S. 50

REHBERGE S. 176

REVALER STRASSE S. 68

S

SCHLOSS STÜLPE S. 150

SCHÖNOWER HEIDE S. 42

SPANDAUER FORST S. 182

T

TEMPELHOFER FELD S. 116

TIERGARTEN S. 172

TORFBUSCH S. 140

TREPTOWER PARK S. 76

V

VIKTORIAPARK S. 134

VILLA HONIGPUMPE S. 104

VOLKSPARK FRIEDRICHSHAIN S. 72, S. 80

VOLKSPARK AM WEINBERG S. 26

W

WASSERWERK BAD SAAROW S. 108

Z

ZUM LANGEN JAMMER S. 74

Die Fotos der Locations wurden von der Autorin Livia Ritthaler aufgenommen und bearbeitet, Ausnahmen bilden die Fotos auf S. 44, unten links (Björn Weiser), und S. 78, unten links (Nils Kraiczy).

Vielen Dank an die Fotografen der Unterkünfte:

Alte Schule Brandenburg | Silvia Last, allesundlicht.de S. 192
Bauernkate Klein Thurow | Hauke Dressler S. 202
Birkenhof | Ringo Paulusch S. 54
Blockhaus Kauper 63 | Gerd Rattei & Jörg Giesecke S. 156
Blockhaus Schorfheide | N. Ruland S. 58
Dreiseitenhof | Sarah Eick S. 98
Dreesch 7 | Christiane Lünskens & Livia Ritthaler S. 46
Elbeglück | Frîa Hagen S. 198
Re:hof Rutenberg | Marieken Verheyen S. 50
Schloss Stülpe | Schloss Stülpe & Frank Burchert, franksfotografieblog.de S. 150
Villa Honigpumpe | @loopingmagazin S. 104
Wasserwerk Bad Saarow | Michael Kromat S. 108

IMPRESSUM

KONZEPT
Livia Ritthaler

CREATIVE DIRECTION & GESTALTUNG
Livia Ritthaler
www.designstudio-l.com

TEXT
Anna Fiedler
www.fiedleranna.de

LEKTORAT
Laura Storfner

EIN DANKESCHÖN AN
Mareile Voigt
Björn Weiser
Anna Fiedler
Lena Ritthaler

SCHRIFTARTEN
Embury Text
Fabrikat

DRUCK
Europrint Medien GmbH

VERLAG
The Gentle Temper
Kraiczy & Rosina GbR
Alte Schönhauser Straße 35,
10119 Berlin
www.thegentletemper.com

VERTRIEB
The Gentle Temper
business@thegentletemper.com
+493039820466

MADE IN BERLIN
ISBN: 978-3-947747-21-4
1. AUFLAGE, SEPTEMBER 2019

DIE AUTORIN HAT ALLE INFORMATIONEN IN DIESEM GUIDE NACH BESTEN WISSEN UND GEWISSEN ERSTELLT. TROTZ EINER SORGFÄLTIGEN PRÜFUNG DURCH DEN VERLAG SIND INHALTLICHE UND SACHLICHE FEHLER NICHT VOLLSTÄNDIG AUSZUSCHLIESSEN. FÜR DIE ABSOLUTE RICHTIGKEIT UND VOLLSTÄNDIGKEIT DER INFORMATIONEN ÜBERNIMMT DER VERLAG KEINE GARANTIE. DIE AUTORIN ODER UND DER VERLAG ÜBERNEHMEN KEINERLEI VERANTWORTUNG UND HAFTUNG FÜR INHALTLICHE UND SACHLICHE FEHLER.

 DIE DEUTSCHE NATIONALBIBLIOTHEK VERZEICHNET DIESE PUBLIKATION IN DER DEUTSCHEN NATIONALBIBLIOGRAFIE. DETAILLIERTE BIBLIOGRAFISCHE DATEN SIND IM INTERNET ÜBER HTTP://DNB.DNB.DE ABRUFBAR.

UND JETZT: AUF INS GRÜNE!